Indoors Outdoors

Lloyd Loom seen by Vincent Sheppard

Indoors Outdoors

Lloyd Loom seen by Vincent Sheppard

Text Annemie Willemse | Photography Bieke Claessens, Sven Everaert, Bart Van Leuven

lannoo

In the early nineteen nineties, when Vincent Sheppard cautiously imported a few Lloyd Loom armchairs from England, nobody could have guessed that this special furniture would take off so quickly that the company would struggle to keep pace with demand. A Lloyd Loom armchair was indeed something special, everyone had been quick to notice that. And it still is today, with its clean, tight, supple, strong yet silky soft look. And what really appeals to the imagination is the fact that this extremely solid furniture is actually made from paper, and, contrary to what many believe, not from a special type of rattan.

There is a pretty good chance that you have already sat, or indeed will sit in a Lloyd-Loom armchair at least once in your life. And there is a pretty good chance that you still remember it, or at least always will do. In the intervening years Vincent Sheppard has made Lloyd Loom furniture a well-known name around the world. The special seating comfort can be enjoyed in the most beautiful hotels in the world. The collections have been tastefully and inventively augmented by outdoor furniture, and more and more people are choosing for the charm, contemporary style and almost everlasting solidity of Lloyd Loom in their own interiors.

Not only does this book recount the almost magical story of Lloyd Loom's creation, but it also gives a charming insight into the world of Vincent Sheppard and his constantly innovative, unique collections of indoor and outdoor furniture. We hope this book will give you hours of pleasure and a wealth of new inspiration for your home.

Toen Vincent Sheppard begin jaren negentig schoorvoetend een aantal Lloyd Loom-stoelen uit Engeland liet komen, kon niemand vermoeden dat dit bijzondere meubilair in korte tijd zo populair zou worden dat het bedrijf de vraag al vanaf het begin niet kon bijhouden. Natuurlijk, een Lloyd Loom-stoel was iets bijzonders, dat had iedereen snel begrepen. Ook vandaag de dag is dat zo, door zijn fraaie, strakke, soepele, sterke en toch zijdezachte uiterlijk. Dat deze oerdegelijke meubels eigenlijk vervaardigd zijn van papier – in tegenstelling tot wat vele mensen denken dus niet van een bijzondere rietsoort – spreekt al helemaal tot de verbeelding.

De kans dat je op zijn minst een keer in je leven in een Lloyd Loom-stoel zult zitten of al hebt gezeten, is heel groot. De kans dat je je dat nog herinnert, of altijd zult blijven herinneren, ook. Vincent Sheppard zorgde er mede voor dat Lloyd Loom-meubilair inmiddels een wereldwijde bekendheid geniet. In de mooiste hotels ter wereld kun je genieten van dit unieke zitcomfort, de collecties werden door de jaren heen smaakvol en inventief uitgebreid met outdoor-meubilair, en ook voor hun eigen interieur kiezen steeds meer mensen voor de charme, de eigentijdse stijl en de bijna onverslijtbare degelijkheid van Lloyd Loom.

Dit boek vertelt je niet alleen het bijna magische verhaal van het ontstaan van Lloyd Loom, het biedt je ook een sfeervol kijkje in de wereld van Vincent Sheppard en zijn steeds vernieuwende, unieke collecties meubels voor binnen en buiten. Wij hopen dat dit boek je niet alleen uren kijkplezier zal opleveren, maar ook veel wooninspiratie.

Lorsque Vincent Sheppard, levant ses dernières hésitations, importa d'Angleterre quelques chaises Lloyd Loom au début des années nonante, personne ne pouvait imaginer que ces meubles singuliers allaient devenir à brève échéance si populaires. A un point tel que, d'emblée, l'entreprise ne put plus suivre la demande. Ce que tout le monde avait très rapidement compris, c'est qu'une chaise Lloyd Loom, ce n'est pas une chaise comme les autres. Rien n'a changé aujourd'hui, son look est toujours inimitable : harmonieux mais strict, souple tout en vigueur et malgré tout doux comme la soie. Quand on sait que ces meubles archi-solides sont en fait fabriqués à base de papier et non – contrairement à l'idée générale – avec un certain type de rotin, cela frappe vraiment l'imagination.

Il y a donc de fortes chances que vous vous assoirez ou que vous êtes assis au moins une fois dans votre vie dans une chaise Lloyd Loom. Et que vous ne l'avez pas oublié... ou que vous ne l'oublierez jamais. Vincent Sheppard s'est employé à étendre dans le monde entier la renommée des meubles Lloyd Loom. Vous apprécierez leur confort caractéristique dans les plus beaux hôtels du monde. Au fil des ans, les collections s'étoffent avec goût et inventivité – en mobilier de jardin par exemple. De plus en plus de gens ont adopté à l'intérieur également le charme, le style contemporain et la solidité quasi inaltérable Lloyd Loom.

Ce livre vous fera découvrir l'histoire magique – ou presque – de la naissance de Lloyd Loom et vous dévoilera le monde tout en ambiances de Vincent Sheppard et de ses collections uniques, toujours novatrices, de meubles pour l'intérieur et l'extérieur. Nous espérons que ce livre vous donnera des heures de plaisir de lecture et quantités d'idées inspirées pour votre maison.

Lloyd Loom,

a piece of weaving history
een stukje gevlochten geschiedenis
quelques brins mêlés de l'histoire

Attractive and trendy - undoubtedly one of the first things to strike you when you look at a Lloyd Loom armchair. But you might not suspect that there is a rich history behind these sofas and chairs. And yet, the roots of the Lloyd Loom chair go back to 1917!
But that's not all... Lloyd Loom furniture carries a well-kept secret... These refined, but extremely solid, stylish and comfortable chairs are made from plain old paper!
Yes, paper. So never say 'wicker chair' to a Lloyd Loom - that would be doing it a disservice.

Aantrekkelijk en trendy, dat zijn ongetwijfeld de eerste dingen die je opvallen als je een Lloyd Loom-stoel ziet. Dat dit zitmeubilair al een rijke geschiedenis achter zich heeft, kun je je misschien zelfs niet voorstellen. En toch liggen de wortels van de Lloyd Loom-stoelen in 1917!
Maar dat is nog niet alles. Lloyd Loom-meubilair draagt nog een goed bewaard geheim met zich mee... Deze verfijnde, maar oerdegelijke, stijlvolle en comfortabele stoelen zijn immers gemaakt van doodgewoon papier!
Papier, inderdaad. Zeg dus nooit 'rieten stoel' tegen een Lloyd Loom, want dan doe je hem geen eer aan.

Séduisant et tendance : ce sont assurément les premiers qualificatifs qui vous viennent à l'esprit lorsque vous apercevez une chaise Lloyd Loom. Mais vous ne pouvez sans doute pas imaginer toute l'histoire qui se cache derrière cet élément de mobilier. Et pourtant... Les racines des chaises Lloyd Loom plongent en effet jusqu'en 1917 !
Et vous ne savez pas tout. Les meubles Lloyd Loom ont aussi leur jardin secret : ces chaises délicates mais robustes, élégantes et confortables sont en effet fabriquées en... papier. Du banal papier !
De fait. Ne dites donc jamais « une chaise en rotin » devant un fauteuil Lloyd Loom : vous ne lui feriez pas honneur.

A chair made of paper?!

A chair woven from paper. Though it sounds quite implausible, it is true. To get the full picture, we'll have go back a little in time...
Thousands of years ago our ancestors, the cave dwellers, were practised in the art of weaving. Very early on in the history of mankind plants, twigs and other natural materials were woven into primitive forms of clothing. Later on, utensils were also woven, and in the end simple items of furniture were added.
In the Philippines in particular, and in Indonesia, China and Malaysia, weaving in bamboo and cane had been the most natural thing in the world for centuries when, in the sixteenth century, the explorers came across this special technique. Although Magellan will have noticed all these beautiful things, he had other things on his mind, and would not have considered bringing these woven articles home with him. His main interest was in spices and valuable goods or materials. It wasn't until the 19th century that these 'weaves' became popular in Europe and America too. And even that was relative: actually these unusual woven objects were quite simply unaffordable, and so destined for just the 'happy few'. And we can see why, if we consider that a weaver could easily spend a week weaving a single, simple chair.

Een stoel van papier?!

Een stoel die is geweven van papier; dat klinkt behoorlijk ongeloofwaardig, maar toch is het waar. Om dit te begrijpen, gaan we even terug in de tijd.
Duizenden jaren geleden verstonden onze voorvaderen, de holbewoners, al de kunst van het weven. Planten, takken en andere natuurlijke materialen werden al heel vroeg in de geschiedenis van de mens tot primitieve kledij gevlochten en geweven. Later werden er ook gebruiksvoorwerpen gevlochten, en uiteindelijk kwamen daar zelfs eenvoudige meubels bij.
Vooral op de Filipijnen en in Indonesië, China en Maleisië was het weven en vlechten van bamboe en rotan al eeuwenlang de normaalste zaak van de wereld, toen vanaf de 16de eeuw de grote ontdekkingsreizigers er kennismaakten met deze bijzondere techniek. Hoewel Magellaan zijn ogen moet hebben uitgekeken op al dat moois, had hij echter wel andere dingen aan zijn hoofd dan die geweven spullen mee naar huis nemen. Zijn interesse ging vooral uit naar kruiden en waardevolle goederen of grondstoffen. Het duurde nog tot in de 19de eeuw voor die 'weefsels' ook in Europa en Amerika echt populair werden. En zelfs dat was relatief: eigenlijk waren die bijzondere geweven ontwerpen onbetaalbaar en dus alleen bestemd voor de 'happy few'. Als je bedenkt dat een arbeider gemakkelijk een week bezig was met het weven van één enkele, eenvoudige stoel, dan begrijp je ook waarom.

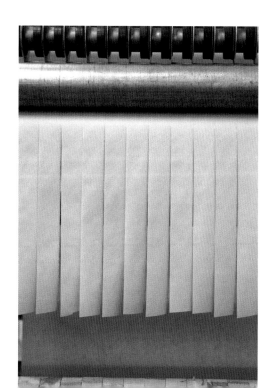

En papier, cette chaise ?!

Une chaise tressée de papier, ça paraît tout à fait incroyable... Et c'est pourtant vrai. Retournons quelques années en arrière afin de mieux comprendre...
Nos aïeux, hommes de cavernes, avaient déjà compris l'art du tressage il y a des milliers d'années. Les plantes, tiges et autres matériaux naturels furent tressés très tôt dans l'histoire de l'homme afin de confectionner des vêtements primitifs. Il y eut ensuite des objets d'usage courant et enfin des meubles simples.
Aux Philippines surtout et en Indonésie, en Chine et en Malaisie, le tressage du bambou et du rotin était depuis des siècles la chose la plus naturelle au monde, lorsque les grands explorateurs découvrirent cette technique spécifique au seizième siècle. Si Magellan a dû poser les yeux sur de jolies choses tressées, il avait toutefois d'autres chats à fouetter que de ramener à la maison l'un de ces objets. Ce qui l'intéressait, c'étaient les épices, les matières premières et les objets précieux. Il fallut encore attendre jusqu'au XIXe siècle pour que les objets tressés ne deviennent véritablement populaires en Europe et en Amérique. Cette popularité était toute relative, car ces objets tressés si singuliers étaient tout bonnement impayables et donc réservés aux élites fortunées. Ce que l'on comprend sans peine quand on sait qu'un ouvrier consacre facilement une semaine au tressage d'une seule chaise toute simple.

Marshall Burns Lloyd, the poor inventor

In the meantime, in 1858, Marshall Burns Lloyd was born to a poor family in Minnesota. From a very young age he was encouraged by his father to work hard, and, in doing so, bring about a change in his family's poor circumstances. Marshall had no problem at all with hard work, but he really couldn't see himself as a lumberjack, which it appeared was to be his destiny. Far too boring! And so Marshall decided to become an inventor. At first sight this may have seemed a fairly naïve ambition, but by the end of his years Marshall Burns Lloyd had more than two hundred inventions and patents to his name, so it probably wasn't that naïve after all.

At a certain point his many thought experiments and research brought him to the conclusion that wicker prams, which where extremely popular in those days, took a lot of time to produce, and that was why they were extremely expensive. And the results were not always brilliant. The rattan would break now and again, which affected the quality of the pram, and it wasn't exactly known as a soft and comfortable material, but more as nasty stuff that could hurt you and was capable of tearing your clothes. Marshall decided that there must be a completely different way of going about things.

Marshall Burns Lloyd, de arme uitvinder

Intussen werd in 1858 in een arm gezin in Minnesota Marshall Burns Lloyd geboren. Van jongs af aan werd hij door zijn vader aangespoord om toch vooral hard te werken en zo iets te veranderen aan de grote armoede die binnen het gezin heerste. Marshall had het daar moeilijk mee: hard werken vond hij geen probleem, maar een carrière als houthakker, waarvoor hij leek voorbestemd, sprak hem absoluut niet aan. Dat leek hem veel te saai! Marshall besloot om uitvinder te worden. Een op het eerste gezicht nogal naïef initiatief misschien, maar tegen het einde van zijn leven had Marshall Burns Lloyd meer dan tweehonderd uitvindingen en patenten op zijn naam staan, dus zo naïef zal hij toch niet zijn geweest.

Zijn vele denk- en speurwerk brachten hem op een bepaald moment tot de conclusie dat de in die tijd erg populaire rieten kinderwagens wel heel veel productietijd vergden en daardoor ontzettend duur waren. Bovendien waren de resultaten ook niet altijd fraai. Het riet brak nogal eens, wat de kwaliteit van de kinderwagens niet ten goede kwam, en het stond nu ook niet bekend als zacht, comfortabel materiaal. Het was eerder venijnig spul waaraan je je flink kon bezeren en waaraan je je kleren kon scheuren. Marshall besloot dat het helemaal anders moest.

Marshall Burns Lloyd, le pauvre inventeur

Marshall Burns Lloyd voit le jour en 1858 dans une pauvre famille du Minnesota. Son père l'encourage dès sa prime jeunesse à travailler dur afin d'atténuer quelque peu la grande misère qui règne alors dans la famille. Mais cela n'ira pas sans mal : Marshall ne tente nullement de ménager sa peine mais ne veut pas entendre parler du métier de bûcheron, activité à laquelle il est pourtant prédestiné. Quel ennui ! Marshall a choisi de devenir inventeur. Naïf ? A première vue seulement : Marshall Burns Lloyd déposera en effet au cours de sa carrière plus de deux cents inventions et brevets... Son ingéniosité – non sa naïveté – est débordante.

Ses nombreuses réflexions et recherches l'amènent à un moment donné à la constatation que les voitures d'enfant cannées, très populaires à l'époque, nécessitent un temps de production beaucoup trop long et sont donc épouvantablement chères. De plus, les résultats ne sont souvent pas à la hauteur des espérances. La canne se rompt de temps à autre, ce qui n'améliore pas la qualité de la poussette. Par ailleurs, la douceur et le confort ne sont pas du tout les traits caractéristiques du rotin : les objets tressés sont dangereux, vous pincent cruellement et déchirent vos habits. Il fallait que cela change du tout au tout !

Lloyd Loom Weave

Motivated by the idea that pram production should be speeded up, he split the production process into parts. First of all a frame was made for the pram, then the cover was woven, and finally the woven cover was attached to the frame.
But it didn't stop there for Marshall. Next, he wanted to find a material that was not only stronger than rattan, but looked much better, and felt much softer. This idea brought howls of derision from his family and friends, but Marshall wasn't to be discouraged. At one time he started experimenting by twisting and winding paper, known as Kraft paper, around a fine steel wire. In the end this gave a sort of paper wickerwork, whose strength was provided by the steel wire. When he also succeeded in making a loom for this very special weave, he began to realise that his invention could well be more successful than

Lloyd Loom Weave

Omdat Marshall Burns Lloyd van mening was dat de productie van de kinderwagens eerst en vooral sneller moest kunnen, splitste hij het productieproces op in verschillende delen. Eerst werd er een basisframe gemaakt voor de wagen, daarna werd de bekleding gevlochten en ten slotte werd de gevlochten bekleding aangebracht op het frame.
Maar daar bleef het voor Marshall niet bij. Hij wilde vervolgens ook een materiaal vinden dat niet alleen veel steviger zou zijn dan riet, maar dat ook veel mooier zou ogen en zachter zou aanvoelen. Dit voornemen werd op behoorlijk wat hoongelach van familie en vrienden onthaald, maar Marshall liet zich niet van de wijs brengen. Hij begon op een bepaald moment te experimenteren met het draaien en wikkelen van papier, zogenoemd kraftpapier, rondom een fijne staaldraad. Uiteindelijk ontstond er zo een soort weefwerk van papier dat dankzij de staaldraad een behoorlijke stevigheid bezat. Toen hij er ook in slaagde om voor dit wel heel bijzondere

Lloyd Loom Weave

Puisque Marshall Burns Lloyd estime que les voitures pour enfant doivent être avant tout produites plus rapidement, il scinde le processus en plusieurs étapes. Premièrement, la construction du châssis de base de la voiturette. Ensuite, le tressage du revêtement et enfin, le montage de ce revêtement tressé sur le châssis.
Mais Marshall ne s'arrête pas en si bon chemin. Il veut à présent trouver un matériau non seulement beaucoup plus solide que la canne, mais aussi d'un aspect bien plus agréable et plus doux au toucher. Cette entreprise se heurte aux rires moqueurs de sa famille et de ses amis, mais Marshall la poursuit sans broncher. Il expérimente à un certain moment le tournage et l'enroulement du papier – appelé papier kraft – autour d'un fin fil d'acier. Cette expérience aboutit à une sorte d'ouvrage tressé en papier, affichant une grande solidité grâce au fil d'acier. Puis il réussit à concevoir un métier à tisser adapté à ce type de tres-

he initially believed. He ordered a large number of frames for the universally known cradles and prams, modified them slightly, and then covered them with the new fabric of twisted paper and steel woven on his loom. The result was astonishing: soft, strong and ready in blink of an eye! A quick calculation soon revealed that a single finished product could now be made in a thirtieth of the time!

Marshall called his invention 'Lloyd Loom Weave', and soon became known as the 'king of the perambulators'. In a short time items of furniture were added to the range, and it wasn't long before the huge successes in the United States were repeated in Europe. In lunchrooms, on luxurious cruise ships and in hotels; these characteristic woven items of furniture became all the rage.

weefwerk een aangepast weefgetouw te ontwikkelen, begon het hem te dagen dat zijn uitvinding succesvoller zou kunnen worden dan hij zelf in eerste instantie dacht. Hij liet een groot aantal basisframes van de overbekende wiegen en kinderwagens komen, paste ze enigszins aan en bekleedde ze vervolgens met het door zijn weefgetouw geweven nieuwe weefsel van gedraaid papier en staal. Het resultaat was verbluffend: zacht, stevig en klaar in een handomdraai! Een snelle berekening leerde hem dat één afgewerkt product voortaan maar liefst dertig keer zo snel klaar kon zijn!

Marshall noemde zijn uitvinding 'Lloyd Loom Weave', en deze kreeg al spoedig de bijnaam 'koning van de kinderwagens'. Al snel werden er ook meubels aan het assortiment toegevoegd en het duurde niet lang of het gigantische succes in de Verenigde Staten sloeg over naar Europa. In lunchrooms, op luxueuze cruiseschepen en in hotels; overal werden de typische, gevlochten meubels een ware rage.

sage très spécifique et commence à comprendre que son invention pourrait bien connaître un autre succès que celui escompté de prime abord. Il commande un grand nombre de châssis de ces berceaux et voitures d'enfants classiques, les adapte quelque peu et les recouvre ensuite de son nouveau tressage de papier tourné et d'acier, tissé sur son propre métier. Le résultat est à couper le souffle : doux, solide et prêt en un tournemain ! Comme le lui montre un rapide calcul, une voiture d'enfant peut être désormais fabriquée en un laps de temps trente fois plus court ! Marshall appelle son invention « Lloyd Loom Weave » et sa poussette devient très vite la 'Rolls' des voitures d'enfant. Des meubles complètent bientôt la gamme des articles tressés et le succès gigantesque aux Etats-Unis traverse rapidement l'Atlantique pour gagner l'Europe. Dans les salons de thé, en croisière comme à l'hôtel, ces meubles tressés typiques suscitent partout une véritable mode.

Lloyd Loom by Vincent Sheppard

In the early nineteen nineties Vincent Sheppard imported a few Lloyd Loom furniture items from England for the first time. When, in no time at all, these imports were unable to keep pace with the orders placed, the company decided to start up its own production line in Indonesia. In 1998 a factory was also set up in Hungary. Indeed, this factory became home to a whole new line of Lloyd Loom furniture on a basic frame of high-quality beech.

In 2002 Vincent Sheppard attracted a lot of attention with the launch of a Lloyd Loom outdoor collection, chairs and sofas for the garden and terrace. On these models the frames are made of aluminium, and the weave has been given a special latex bath to make it permanently water resistant and capable of withstanding any weather conditions. With this collection Vincent Sheppard has succeeded in literally bringing the famous Lloyd Loom design outdoors, into the garden, onto the terrace and beside the pool. Since then, Lloyd Loom furniture has become synonymous with the outdoors, and Vincent Sheppard has become a well-known name in the world of garden furniture. From then on Vincent Sheppard became a striking element of the small group of Lloyd Loom Outdoor manufacturers, which can be found all around the world. Another unusual fact: Vincent Sheppard is a

Lloyd Loom by Vincent Sheppard

Vincent Sheppard voerde in het begin van de jaren negentig van vorige eeuw voor het eerst enkele Lloyd Loom-meubelen uit Engeland in. Omdat die invoer binnen de kortste keren de vele bestellingen niet meer kon bijhouden, besloot het bedrijf na enige tijd zelf een productielijn op te starten vanuit Indonesië. In 1998 werd ook in Hongarije een fabriek opgezet. In deze fabriek ontstond trouwens een heel nieuwe lijn van Lloyd Loom-meubelen met een basisframe van hoogwaardig beukenhout.

In 2002 scoort Vincent Sheppard bijzonder hoge ogen met de lancering van een outdoor-collectie Lloyd Loom, stoelen en banken voor tuin en terras. De basisframes zijn dit keer van aluminium, en de meubels kregen allemaal een speciaal latexbad zodat ze waterbestendig zijn en blijven, en geen last ondervinden van welke weersomstandigheden dan ook. Met deze collectie slaagt Vincent Sheppard erin om het bekende Lloyd Loom-design letterlijk naar buiten te brengen, in de tuin, op het terras en naast het zwembad. Sindsdien zijn Lloyd Loom-meubels ook daar niet meer weg te denken, en is Vincent Sheppard een

Lloyd Loom par Vincent Sheppard

Au début des années quatre-vingt-dix, Vincent Sheppard importe d'Angleterre les tous premiers meubles Lloyd Loom. Puisque cet arrivage est immédiatement dépassé par les nombreuses commandes, l'entreprise décide de lancer dans les plus brefs délais une chaîne de production en Indonésie. Une usine ouvre également ses portes en Hongrie dès 1998. Elle va du reste donner naissance à une toute nouvelle ligne de meubles Lloyd Loom dotés d'un châssis en hêtre de grande qualité.

En 2002, Vincent Sheppard réussit un coup d'éclat en lançant une collection Lloyd Loom pour l'extérieur, composée de chaises et de fauteuils pour le jardin et la terrasse. Cette fois, les châssis sont fabriqués en aluminium et les meubles totalement immergés dans un bain de latex spécial : ils résistent ainsi à l'eau et ne subissent aucun préjudice des conditions météo, quelles qu'elles soient. Par cette collection, Vincent Sheppard parvient à 'sortir' littéralement le célèbre design Lloyd Loom pour s'installer au

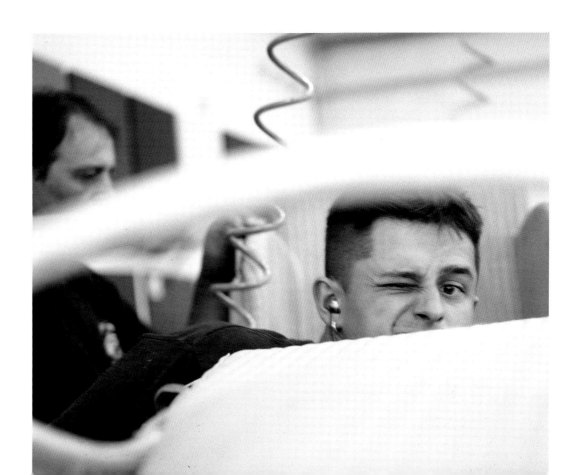

vertically integrated manufacturer of Lloyd Loom furniture. In other words, Vincent Sheppard controls the entire production process, from paper to end product, which is available in every conceivable colour. This is relatively rare today. The company also has its own, extended design department, which keeps a close eye on the trends and ensures constant innovation. For a long time now Vincent Sheppard has been an established exhibitor at leading furniture fairs such as 'Maison et Objet' in Paris and 'Interior Lifestyle' in Tokyo. The Vincent Sheppard factories are in Indonesia, Hungary and Belgium, where the offices are located, and the Vincent Sheppard Lloyd Loom collections are imported and sold in thirty countries.

bekende naam in de wereld van tuinmeubilair. Van de kleine groep Lloyd Loom Outdoor-fabrikanten die er wereldwijd bestaan, maakt Vincent Sheppard voortaan een opvallend deel uit. Wat ook bijzonder is: Vincent Sheppard is een verticaal geïntegreerde fabrikant van Lloyd Loom-meubilair. Eenvoudiger gezegd komt het hierop neer dat Vincent Sheppard het volledige productieproces beheerst, dus vanaf het papier tot en met het eindproduct, dat overigens in alle mogelijke kleuren verkrijgbaar is. Dit is bijzonder, omdat dit tegenwoordig nog relatief weinig voorkomt. Bovendien beschikt het bedrijf over een eigen, uitgebreide designafdeling die de trends op de voet volgt en voor continue vernieuwing zorgt. Op grote, toonaangevende meubelbeurzen als 'Maison et Objet' in Parijs en 'Interior Lifestyle' in Tokio is Vincent Sheppard allang niet meer weg te denken. De fabrieken van Vincent Sheppard bevinden zich in Indonesië, Hongarije en België, waar zich ook de kantoren bevinden, en de Lloyd Loom-collecties van Vincent Sheppard worden inmiddels door ruim dertig landen ingekocht en verkocht.

jardin, à la terrasse et autour de la piscine. Les meubles Lloyd Loom sont depuis lors indétrônables et Vincent Sheppard n'est plus un inconnu dans le monde des meubles de jardin. Parmi les quelques fabricants au monde de meubles Lloyd Loom pour l'extérieur, Vincent Sheppard est désormais un élément marquant.
Autre trait caractéristique : Vincent Sheppard est un fabricant de meubles Lloyd Loom verticalement intégré. Plus simplement, cela signifie que Vincent Sheppard gère la totalité du cycle de production, du papier au produit fini, lequel est par ailleurs disponible dans tous les tons imaginables. Cette flexibilité n'est pas chose courante à l'heure actuelle. De plus, l'entreprise dessine elle-même ses meubles : son service design étendu suit les tendances à la trace et veille à renouveler constamment le produit. Vincent Sheppard est aujourd'hui une présence incontournable aux grands salons de référence dans le secteur du mobilier, tels « Maison et Objet » à Paris et « Interior Lifestyle » à Tokyo. Les usines Vincent Sheppard sont situées en Indonésie, en Hongrie et en Belgique – où se trouve également le siège administratif. Les collections Lloyd Loom de Vincent Sheppard sont désormais importées et vendues dans plus de trente pays du monde entier.

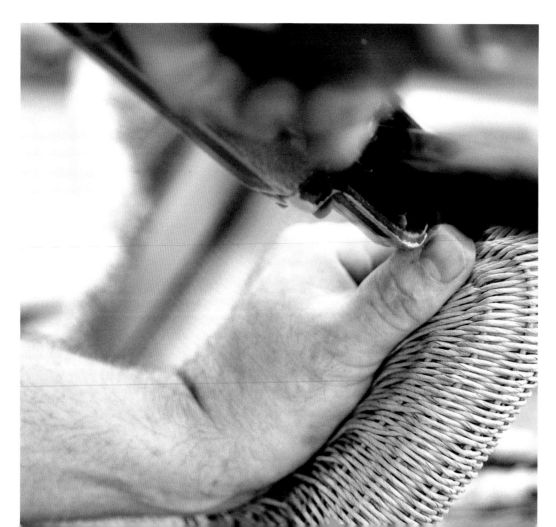

Country side

You can enjoy the delightful outdoors inside given the right combination of furniture and accessories, each helping to evoke a rural atmosphere.

Binnen genieten van een heerlijke buitensfeer, dat kan met een juiste combinatie van meubels en accessoires die stuk voor stuk een landelijke sfeer uitstralen.

Savourer à l'intérieur une agréable ambiance extérieure, c'est possible avec la combinaison adéquate de meubles et d'accessoires qui tous rayonnent une atmosphère champêtre.

The straight chairs in soft grey create a striking accent in this soberly decorated farm with predominantly white hues.

De rechte stoelen in zacht grijs vormen een opvallend accent in deze sober ingerichte hoeve met overwegend witte kleurschakeringen.

Les sièges droits dans une tonalité de gris douce guident le regard dans cette ferme aménagée sobrement essentiellement dans des nuances de blanc.

Fresh coffee and a fire crackling in the hearth - all you need now is a tasteful and comfortable chair with matching blanket.

Bij het knetterende haardvuur genieten van een vers kopje koffie. Daarvoor heb je niet veel meer nodig dan een smaakvolle, comfortabele stoel en een bijhorende plaid.

Il en faut peu pour savourer une tasse de café au coin de l'âtre crépitant : une chaise confortable, de bon goût et l'indispensable plaid.

A magnificent well-made table deserves to be surrounded by chairs, which, though completely different in style, fit in seamlessly with the atmosphere of this kitchen diner.

Een prachtige tafel van degelijk houtwerk verdient het omringd te worden door stoelen die weliswaar heel anders van stijl zijn, maar toch naadloos bij de sfeer in deze woonkeuken aansluiten.

Une superbe table en bois robuste gagne à être entourée de chaises qui sont certes d'un style très différent, mais qui s'intègrent parfaitement dans l'ambiance de cette cuisine-séjour.

In a festive interior and for ceremonious occasion these proud 'Emma' chairs come perfectly into their own. Rest assured that the guests will be seated comfortably, well into the wee hours of the morning.

In een feestelijk interieur en bij een plechtige gelegenheid komen de trotse 'Emma'-stoelen perfect tot hun recht. De gasten zitten comfortabel, zelfs tot in de late uurtjes.

Dans un intérieur festif et pour les grandes occasions, les chaises 'Emma' très dignes sont parfaitement mises en valeur. Les invités sont assis confortablement, jusqu'aux petites heures.

Just staring into the fire or daydreaming on your lounge chair... The cushions on the chairs and the small sofa provide extra comfort.

Vanuit je luie stoel in het haardvuur staren of gewoon een beetje mijmeren... De kussens in de stoelen en op het bijzetbankje zorgen voor extra gezelligheid.

Perdre son regard dans le feu de l'âtre depuis un fauteuil indolent, ou simplement méditer un instant... Les coussins des fauteuils et du banc d'appoint ajoutent à la convivialité.

Lazing around in the fresh open air, drink on a table, within reach. The reclining chairs can be easily wheeled to your favourite spot.

Luieren in de frisse buitenlucht, met een drankje op het bijbehorende tafeltje binnen handbereik. De ligstoelen zijn gemakkelijk verrijdbaar naar je favoriete plek.

Quel plaisir de lézarder en plein air, un verre à la main ou sur la table assortie ! Et vous pouvez facilement déplacer les chaises longues pour rejoindre votre coin favori.

Summer lunch on a private terrace. The chairs accentuate the natural outdoor feel and offer hours of seated comfort.

Een zomerse lunch op een intiem terras. De stoelen benadrukken de natuurlijke buitensfeer, maar bieden moeiteloos urenlang zitcomfort.

Rien de tel l'été qu'un lunch en terrasse. Les chaises accentuent l'atmosphère naturelle et offrent tout le confort souhaité des heures durant.

Loaded with reference to those wonderful romantic moments... The little table and chairs offer plenty of comfort and are also a delight to the eye.

Met een flinke knipoog naar heerlijk romantische momenten... Het tafeltje en de stoelen bieden veel gebruikscomfort maar zijn ook een lust voor het oog.

Joli clin d'œil à des moments d'un romantisme exquis... la petite table et les sièges offrent un grand confort d'utilisation mais sont également un régal pour les yeux.

✶ Long island

The Long Island feeling: your interior spaciously decorated with comfortable furniture in serene colours, which give your interior an outdoor ambience.

Het Long-Island gevoel: vul je interieur met comfortabel meubilair in rustige kleuren en geniet ook binnen van het puurnatuur buitengevoel.

Ambiance Long Island : agrémentez votre espace de quelques meubles confortables aux tons apaisants et appréciez à l'intérieur également cette sensation de nature à l'état pur.

For the best and most beautiful spot in the home: a low, multifunctional table surrounded by lounge chairs and a two-seater, in a stylish combination of grey and ecru.

Voor het allerhoogste en allermooiste plekje in huis: een lage, multifunctionele tafel met er rond luie stoelen en een tweezitsbank, in een stijlvolle combinatie van grijs en ecru.

Pour le lieu le plus élevé et le plus beau de la maison : une table basse multifonctionnelle entourée de sièges indolents et d'un deux-places, dans une combinaison stylée de gris et d'écru.

Glowing with pride and extremely stylish this combination of expansive, low coffee table and straight benches or couches stands in a light and modern interior, but will actually be at home in any interior.

Glimmend van trots en uiterst stijlvol staat deze combinatie van een ruime, lage koffietafel en rechte zit- of ligbanken in een licht en modern interieur, maar eigenlijk past deze zitstijl in elk interieur.

Cette combinaison d'une table basse large et de fauteuils ou canapés droits dans un intérieur clair et moderne rayonne d'allure et est extrêmement stylée, mais un tel salon s'intègre en réalité dans chaque intérieur.

Bed, bedside tables and a blanket box in the same colour and finish. Proof positive that you can easily have your favourite style all around the home.

Bed, nachttafeltjes en een dekenkoffer in dezelfde kleur en uitvoering. Het bewijs dat je je geliefkoosde stijl gerust doorheen het hele huis kunt doorvoeren.

Lit, tables de chevet et coffre à couvertures en une seule et même couleur et exécution. La preuve que votre style de prédilection peut s'appliquer dans toute la maison.

Provence

Live the good life French-style ... With lovely comfortable seating in your very favourite spot, relax to the chirping of crickets in the background as you lose yourself in dreams.

Leven als God in Frankrijk... Richt je eigen favoriete plek om te genieten in met mooi en comfortabel zitcomfort. Droom vervolgens weg bij het tsjirpen van de krekels op de achtergrond.

Vivre comme un Roi en France... Meublez votre coin préféré de fauteuils confortables et stylés, puis laissez-vous aller à rêvasser sur le chant des cigales.

A cup of coffee tastes just as good on warm days too, certainly at this charming table placed in a cool shady spot.

Een kopje koffie smaakt ook op warme dagen, zeker aan dit gezellige tafeltje op een koele plek in de schaduw.

Assis à cette sympathique petite table dans un coin ombragé et frais, vous apprécierez une tasse de café, même les jours d'été.

No trees had to be felled for the construction of this balcony with its unique view and luckily there is room for table and chairs, because you'll certainly want to spend a lot of time here.

Voor de aanleg van dit balkon met uniek uitzicht hoefden geen bomen te sneuvelen, én het balkon biedt gelukkig plaats aan tafel en stoelen, want je wilt hier natuurlijk veel tijd doorbrengen.

Aucun arbre n'a dû être abattu pour monter ce balcon doté d'une vue exceptionnelle. Et il reste malgré tout de la place pour la table et les chaises – nul doute que vous y passerez beaucoup de temps.

Outdoor cooking is definitely 'in' and so is dining al fresco, certainly at this extra wide table with its striking, original chairs. There is even room for unexpected guests!

Buiten koken is trendy, en buiten eten dus ook, zeker aan een 'extra large' tafel met originele, opvallende stoelen. Er is zeker ook plaats voor onverwachte gasten!

C'est à la mode de cuisiner et de manger à l'extérieur – surtout à cette table immense entourée de chaises originales et étonnantes. Et il y a de la place pour les invités de dernière minute !

The perfect idea for your guestroom: a small but very comfortable corner sofa as addition to the sleeping area.

Perfect idee voor de gastenkamer: een klein, maar uiterst comfortabel zithoekje als aanvulling op het slaapgedeelte.

Une excellente idée pour compléter la literie dans la chambre d'amis : un petit coin confortable pour s'asseoir et profiter.

Traditional carpentry, 100% natural materials and solidly constructed furniture all go together to create an incomparable interior. The pastel coloured chairs are bold and striking accessory.

Authentiek houtwerk, natuurlijke materialen en oerdegelijk meubilair vormen samen een bijzonder interieur. De pastelkleurige stoelen zijn een gedurfde en opvallende accessoire.

La charpente d'époque, les matériaux purs et naturels et le mobilier costaud composent cette salle à manger caractéristique. Les chaises aux tons pastel sont autant d'accessoires audacieux et remarqués.

Hours spent gazing at the water, relaxing in a
comfortable chair... Of course you can always
decide to leave it to take a quick dip...

Uren turen naar het water, lekker rustig vanuit
een comfortabele stoel, van waaruit je na enig
overwegen ook rechtstreeks een duik kunt
nemen natuurlijk...

Scruter la surface de l'eau pendant des heures,
agréablement lové dans une chaise confortable.
Rien ne brisera votre méditation, si ce n'est
l'envie de piquer une tête dans l'eau...

The chairs at the head of the wooden white table differ just enough from the other chairs to add their own playful accents.

De stoelen aan het hoofd van de witte houten tafel verschillen net genoeg van de andere stoelen om een speels accent te vormen.

Les chaises aux extrémités de la table blanche en bois diffèrent légèrement des autres chaises et offrent une dimension ludique.

These comfortable ultramodern chairs add a striking unexpected accent to any interior.

Hypermodern en heerlijk opvallend staan deze comfortabele stoeltjes als onverwacht detail in een authentiek interieur.

Un détail inattendu vient agrémenter cette antichambre authentique : des sièges hypermodernes de couleur vive.

Pure white never fails to create a cheerful mood. With its beautiful and practical top and matching chairs, this table is particularly welcoming.

Helderwit stemt altijd vrolijk. De tafel, met mooi en praktisch blad, en bijpassende stoelen stralen een en al gastvrijheid uit.

Le blanc clair respire toujours la gaîté. La table, couverte d'un joli plateau de verre pratique, et les chaises assorties respirent l'hospitalité.

Blending in wonderfully with this classic, faintly romantic interior, these striking grey chairs are perfect around the enticing long table.

In dit klassieke, beetje romantische interieur passen de grijze, opvallende stoelen perfect rond de uitnodigende lange tafel.

Dans cet intérieur classique et un brin romantique, d'étonnantes chaises grises accompagnent parfaitement cette accueillante table longue.

Feel like playing a game? Plenty of room at the table and a fine atmosphere is guaranteed.

Zin in een spelletje? Plaats genoeg aan tafel en sfeer verzekerd.

Envie de jouer un peu ? Prenez place à table, l'ambiance est assurée.

A wonderfully cool spot under the trees. The grey on grey combinations already create a peaceful setting.

Een heerlijk koel plekje onder de bomen. De grijs-grijscombinaties zorgen voor een en al rust.

Un coin charmant et frais sous la ramure. L'unité des gris procure tout repos.

In a rather traditional garden with sturdy structures, table and chairs are vital parts of any ambience.

In een tamelijk klassieke tuin met stevige structuren vormen tafel en stoelen een onmisbaar onderdeel van de sfeer.

Dans un jardin d'allure classique aménagé de structures massives, la table et les chaises créent une atmosphère inoubliable.

Both the dark chair and the white bath blend in marvellously with the warm red floor. A bathroom you can live in!

Zowel het donkere stoeltje als het witte bad doen het prima bij de warmrode vloer. Een badkamer om in te wonen!

La teinte sombre de la chaise et le blanc éclatant de la baignoire s'accordent parfaitement sur ce sol rouge et chaud. Une salle de bains des plus accueillantes !

You don't have to stick to any rules when combining furniture and accessories. A beautiful chair can also be used as an alternative to a small table.

Het combineren van meubels en accessoires hoeft niet aan regels gebonden te zijn. Een mooie stoel kan dan ook prima dienst doen als alternatief tafeltje.

Nul besoin d'appliquer des règles pour combiner avec bonheur meubles et accessoires. Une jolie chaise peut tout à fait servir de table d'appoint.

Summertime aperitif: just lean back, the two of you or on your own, and take in the nature around you.

Zomers aperitief: zalig onderuitzakken, alleen of met zijn tweeën, én met zicht op de prachtige natuur.

Prendre l'apéritif en été. S'affaler divinement, seul ou à deux. Profiter de la vue sur une nature splendide.

Enjoy contemporary living while taking a long glance back at the previous century in this splendid chaise longue next to the pool.

Hedendaags genieten – maar wel met een flinke knipoog naar het begin van de vorige eeuw – in een heerlijke ligstoel bij het zwembad.

Savourer la modernité – avec un clin d'œil au début du siècle dernier – dans une agréable chaise longue au bord de la piscine..

Santorini

The combination of blue and white will
be forever etched on your retina if you
have ever been to Santorini. The eternal
source of inspiration for every interior.

De combinatie van blauw en wit staat
voor eeuwig op je netvlies gebrand als je
ooit in Santorini bent geweest. De eeu-
wige inspiratiebron voor elk interieur.

Vous avez déjà été à Santorin ?
Vous n'oublierez plus jamais le mariage
du bleu et du blanc, source d'inspiration
éternelle pour votre intérieur.

Hours spent reading, the occasional glance at the deep blue bay.... Stretch out in an old-fashioned contemporary chaise longue, protected from the wind and hidden from prying eyes.

Urenlang lezen en af en toe een blik werpen op de blauwe baai... Languit liggen in een ouderwets eigentijdse ligstoel, beschut tegen de wind en beschermd tegen ongewenste inkijk.

Lire des heures durant et jeter de temps à autre un coup d'œil sur la baie bleue... S'étendre de tout son long dans un transat rétro et contemporain, protégé du vent et à l'abri des regards indésirables.

Enjoy the unforgettable view with friends, chat
now and then and don't forget to ask the bar to
refill your glass... The fixed row of reclining chairs
fits in perfectly here.

Samen genieten van het onvergetelijke uitzicht,
af en toe een praatje maken en op tijd een
drankje bestellen... De strakke rij ligstoelen gaat
hier volmaakt op in de omgeving.

Jouir ensemble de cette vue inoubliable, faire ça
et là un brin de causette en sirotant un verre...
La rangée de chaises longues alignées s'intègre
parfaitement dans l'ensemble.

After a day of lazing about and sunbathing, it's time to dine in style. The view from here is just as spectacular in the evening.

Na een dag van luieren en zonnen is het tijd om in gepaste stijl intiem te dineren. Vanaf deze plek is ook 's avonds het uitzicht spectaculair.

Après une journée passée à lézarder et à prendre le soleil, l'heure est venue de dîner avec style, en toute intimité. Le soir aussi, la vue est spectaculaire de votre table.

If the noonday sun gets too hot and it's time for a short nap, these white parasols provide enough shade so you can stay put in your favourite spot.

Als de middagzon te warm wordt en het tijd is voor een siësta, bieden de witte parasols net genoeg schaduw om op je lievelingsplek te kunnen blijven liggen.

Vous voulez vous soustraire au soleil de midi et prendre quelques instants de repos ? Les parasols blancs offrent de l'ombre en suffisance pour qui veut rester allongé à son emplacement préféré.

A secluded spot to have an uninterrupted chat as you relax in the shade. Anyone who does want the sun just has to move the chair forward a bit.

Een intieme plek om ongestoord bij te praten en uit te rusten op een lome schaduwplek. Wie even naar de zon wil, hoeft zijn ligstoel maar een klein stukje te verrijden.

Un coin intime et ombragé pour discuter tranquillement et récupérer sans être dérangé. Et si vous voulez prendre le soleil, il vous suffit de déplacer la chaise longue de quelques mètres.

Improvised patio seat in a lonely street. The white cushions are wonderfully refreshing. A marvellous spot to relax and unwind.

Een geïmproviseerd terraszitje in een eenzaam straatje. De witte kussens brengen aangename verkoeling. Een heerlijk plekje om even uit te blazen.

Une terrasse improvisée dans une rue déserte. La douce fraîcheur des coussins blancs. Un coin enchanteur pour reprendre haleine.

Marrakech

It's not at all hard to lose oneself amidst exotic aromas, sounds and colours. Pick out a comfortable spot, close your eyes and drift off...

Het is niet zo moeilijk om je te verliezen in exotische geuren, geluiden en kleuren. Kies een mooie plek uit, doe je ogen dicht en zak heerlijk onderuit...

C'est si simple de perdre la tête, enivrée de parfums, de sons et de couleurs exotiques. Choisissez un bel endroit, fermez vos paupières et étendez-vous avec langueur...

Mint tea for every occasion and at any time of
day- where else but Marrakech!

Muntthee, voor elke gelegenheid, en op elk
moment van de dag, dat is helemaal Marrakech!

Du thé à la menthe pour toutes les occasions, à
tout moment de la journée : c'est Marrakech !

Time for a quick, but carefully prepared lunch on the patio; with wonderful support for your back, you will relax as you enjoy both the fine discussions and your delicious meal.

Op de patio is het tijd voor een snelle, maar verzorgde lunch: lekker geruggensteund en toch relaxt genieten van een fijn gesprek en een heerlijke maaltijd.

Le patio est prêt pour un lunch rapide mais soigné : bien soutenu, vous pouvez en toute relaxation apprécier une agréable conversation accompagné d'un délicieux repas.

This white chair is in all its splendour next to the small dark table and black mirror frame. The combination of mirror reflection and white colour gives the room a spacious atmosphere and the light blue cushion provides a sparkling accent.

Dit witte stoeltje komt prachtig tot zijn recht bij het donkere tafeltje en de zwarte spiegellijst. Zowel de spiegel als het wit zorgen voor een ruimtelijke sfeer in deze kamer, het lichtblauwe kussen is een pittig accent.

Cette chaise blanche accompagne superbement la table foncée et le cadre noir du miroir. Miroir et couleur blanche offrent à cette chambre des dimensions généreuses, relevées par un joli coussin bleu clair.

The fragrance of jasmine is never far away in this en suite bedroom. The ubiquitous white provides luscious cooling on hot days.

De geur van jasmijn is nooit ver weg in deze slaap- en badkamer. Het vele wit brengt de nodige verkoeling op hete dagen.

Le parfum du jasmin ne quitte jamais tout à fait cette chambre à coucher/salle de bains. Le blanc omniprésent apporte la fraîcheur indispensable les jours d'été.

The smallest room in your home deserves as much attention as the rest of your interior. Along with countless small accessories, this tiny round chair – a cross between a stool and a pouf – adds a distinctive touch of refinement.

Het kleinste kamertje verdient natuurlijk evenveel aandacht als de rest van het interieur. Ingericht met talloze kleine accessoires en een kleine, ronde stoel, die het midden houdt tussen een krukje en een 'poef', ontbreekt niet.

La moindre des chambres mérite bien sûr autant d'attention que le reste de votre intérieur. Vous l'aménagez d'innombrables accessoires, mais n'oubliez pas ce petit siège rond, trait d'union entre le tabouret et le « pouf ».

Teatime may last a lot longer than planned. Biscuits and mint tea are already on the rattan table. The chairs have striped cushions that stay deliciously fresh even on the hottest days.

Grote kans dat 'teatime' hier veel langer uitloopt dan verwacht. Koekjes en muntthee staan al klaar op de gevlochten tafel. In de stoelen liggen streepjeskussens, die heerlijk fris aandoen, zelfs op de warmste dagen.

La pause thé pourrait bien s'éterniser ici. Les biscuits et le thé à la menthe trônent déjà sur la table en rotin. Les coussins zébrés lovés sur les chaises donnent une agréable note de fraîcheur, même les après-midi caniculaires.

A charming reading area is nestled in a corner of the bedroom right where a delicate halo of light filters in. Relax and read in the light grey "Butterfly" - time will pass unnoticed.

In een hoek van de slaapkamer, waar het gedempte licht mooi binnenvalt, bevindt zich een meer dan aangename leesplek. Lezend in de zachtgrijze 'Butterfly' verglijdt de tijd.

Un agréable coin lecture est niché dans un angle de la chambre à coucher et nimbé d'une douce lumière voilée. Détendu dans le 'Butterfly' couleur pierre, un livre à la main, vous ne verrez pas le temps passer.

Just sink back or curl up a bit? You'll easily snuggle into this generously sized armchair and forget about everyday hustle and bustle for just a while.

Heerlijk onderuitgezakt, of juist met opgetrokken knieën? In deze royaal bemeten fauteuil verschuil je je moeiteloos om de drukte van alledag heel even te vergeten.

Douillettement avachi ou les genoux pliés... Dans ce fauteuil aux dimensions royales, vous vous blottissez sans difficulté pour oublier quelques instants l'agitation du quotidien.

Contemporary Bedouin atmosphere... Hours of chatting, sheltered from sand, sun and sweltering heat, sitting in the most comfortable chairs imaginable...

Eigentijdse bedoeïenensfeer... Urenlang keuvelen, beschermd tegen zand, zon en te grote hitte, zittend in de meest comfortabele stoelen...

Ambiance bédouine contemporaine... Tailler une bavette pendant des heures, à l'abri du sable, du soleil et des grandes chaleurs, assis dans les chaises les plus confortables...

The hard blue of these somewhat weather-
beaten, authentic jugs provides a remarkable
colourful accent in the sober interior.

Het harde blauw van de ietwat verweerde,
authentieke kruikjes is een opvallend kleuraccent
in het sobere interieur.

Le bleu dur de ces authentiques cruchons
quelque peu fatigués donne une touche de couleur remarquable dans la sobriété de l'intérieur..

An upright chair that comes with soft leather
cushions, giving it a bit of an English look, but it
fits in perfectly in a typical North African sitting
room.

Een strak stoeltje kreeg soepel leren kussens
mee. Het heeft daardoor een ietwat Engelse
uitstraling, maar komt hier perfect tot zijn recht
in een typisch Noord-Afrikaanse zitkamer.

Une chaise droite agrémentée de coussins de cuir
souples – idée d'inspiration anglaise, mais qui
vient ici parfaitement à point dans ce salon nord-
africain typique.

When the heat and crowds of the city and souks become too much to bear, you can always seek refuge here. Chill out alone or relish the moment with a special someone on this comfortable two-seater settee...

Als de warmte of de drukte van de stad en de soeks je te veel worden, kom je hier schuilen. Even heerlijk alleen, of gezellig met zijn tweeën op een koel en comfortabel bankje...

Lorsque vous n'en pouvez plus de la chaleur et de la cohue de la ville et des souks, venez vous réfugier ici. Savourez cette retraite seul ou partagez un moment agréable sur une banquette fraîche et confortable...

Marrakech is an incredible art treasure. This authentic little door is your entrance to a typical Moroccan atmosphere.

Marrakech is één grote kunstschat. Dit authentieke deurtje bepaalt de sfeer van een typisch Marokkaans interieur.

Marrakech est un formidable trésor artistique. Cette petite porte authentique est la clé d'un intérieur marocain typique.

'Chocolate' is a gracious interior colour that is never boring and radiates tranquillity, solidity and feeling for style.

'Chocolade' is een dankbare interieurkleur, die nooit verveelt en rust, degelijkheid en gevoel voor stijl uitstraalt.

'Chocolat' : une couleur d'intérieur généreuse, qui n'ennuie jamais et rayonne la tranquillité, la solidité et le goût du style.

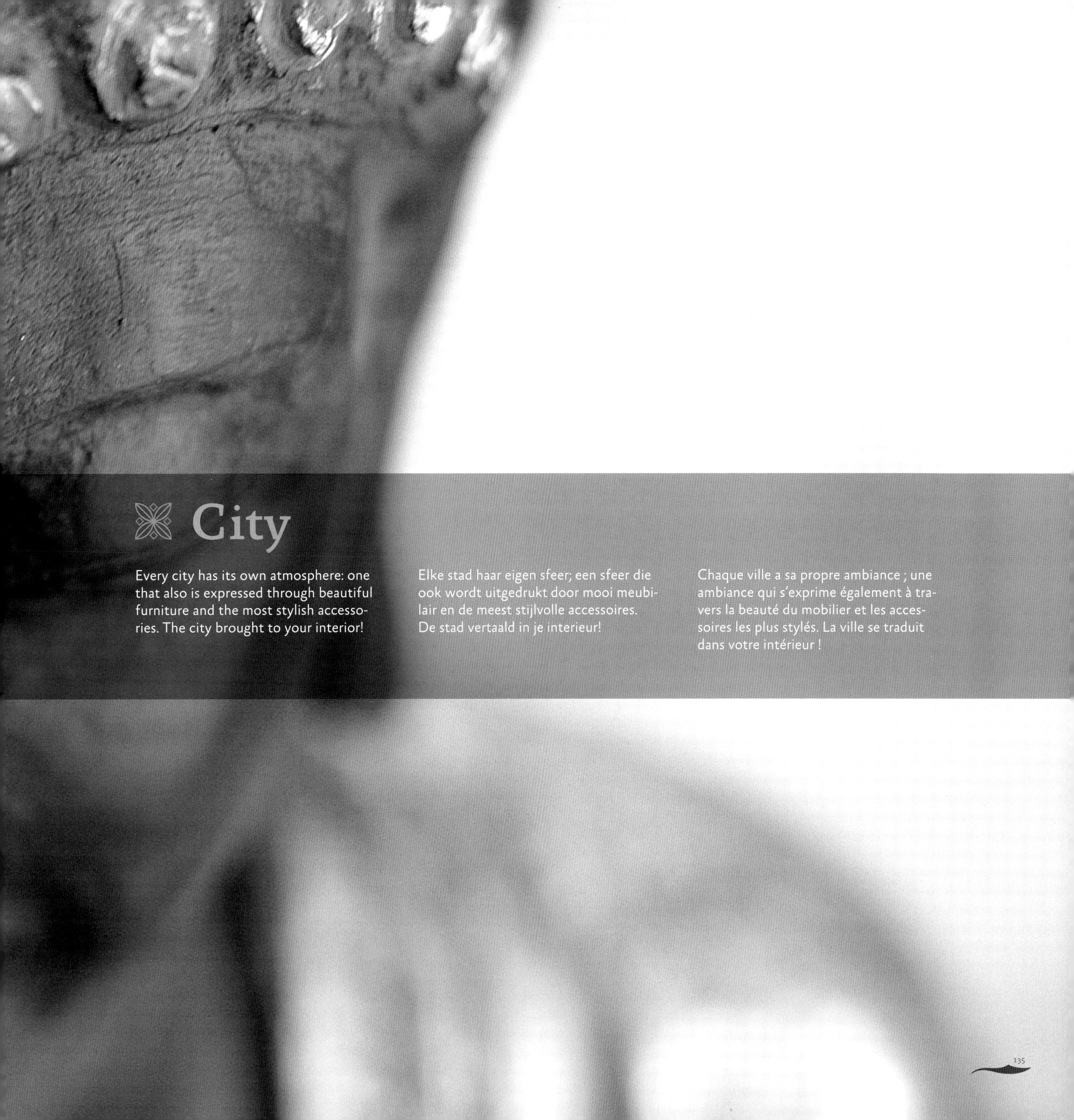

City

Every city has its own atmosphere: one that also is expressed through beautiful furniture and the most stylish accessories. The city brought to your interior!

Elke stad haar eigen sfeer; een sfeer die ook wordt uitgedrukt door mooi meubilair en de meest stijlvolle accessoires. De stad vertaald in je interieur!

Chaque ville a sa propre ambiance ; une ambiance qui s'exprime également à travers la beauté du mobilier et les accessoires les plus stylés. La ville se traduit dans votre intérieur !

These elegant chairs are ideal to sink into in comfort, and do excellently well in an interior with art deco accents.

Ideaal om gezellig in onderuit te zakken zijn deze elegante stoelen die het prima doen in een interieur met art déco-accenten.

Ces sièges élégants invitant à une détente confortable s'intègrent à merveille dans un intérieur aux accents art déco.

Wonderfully roomy for one, but cosy and intimate for two. The ideal chairs for anyone who loves a slightly eccentric interior.

Lekker ruim alleen, maar ook gezellig en intiem voor met zijn tweeën. Dé ideale stoeltjes voor wie wel houdt van een tikkeltje excentriek interieur.

Un régal seul avec soi-même, mais aussi convivial et intime en tête-à-tête. Les fauteuils idéaux pour celles et ceux qui privilégient un intérieur un brin excentrique.

The high version is every bit as comfortable as its low, elegant little sister, but stands very stylishly around a classic table.

De hoge versie zit al even comfortabel als haar elegante zusje, maar staat erg stijlvol rond een klassieke tafel.

La version haute est tout aussi confortable que sa petite sœur basse et élégante, mais crée un décor très stylé autour d'une table classique.

For lovers of classical refinement the leather cushions on the royal single-seater chairs have a stately quality about them.

Voor wie houdt van klassieke degelijkheid geven de lederen kussens in de royale eenpersoonszeteltjes een statige uitstraling.

Pour qui privilégie la qualité classique, les coussins en cuir intégrés dans ces fauteuils une personne royaux créent une digne majesté.

144

The splendid low table, which goes with the robust chairs, is multifunctional and obstructs neither the view to the outside, nor contact with your housemate.

De schitterende, lage tafel die hoort bij de robuust uitgevallen zeteltjes is multifunctioneel en belemmert noch het zicht naar buiten toe, noch het contact met de huisgenoot.

La magnifique table basse accompagnant ces fauteuils d'aspect solide est multifonctionnelle et n'entrave ni la vue vers l'extérieur, ni le contact avec son interlocuteur.

Lots of greenery outside, lots of sober, natural materials inside. By keeping the furniture sober and soft in colour, the outside and inside appear to be as one.

Buiten veel groen, binnen veel sobere, natuurlijke materialen. Door het meubilair sober en zacht van kleur te houden, lijken exterieur en interieur zo in elkaar door te lopen.

Beaucoup de verdure à l'extérieur, beaucoup de matériaux sobres et naturels à l'intérieur. En donnant au mobilier des couleurs sobres et douces, l'extérieur et l'intérieur semblent se fondre l'un dans l'autre.

The hours fly by at the poolside. After a dip, take the time to enjoy a welcome drink, a book, and the company of loved ones.

De gestolen uurtjes bij het zwembad vliegen zo voorbij. Na een frisse duik is het heerlijk genieten van een drankje, een boekje en elkaar gezelschap.

Ainsi s'écoulent les heures volées au bord de la piscine. Un plongeon rafraîchissant, une boisson à siroter avec un peu de lecture ou en agréable compagnie...

Young urban

A young living style looks restrained, loves frivolous splurges here and there, and above all offers plenty of room for playful accents.

Een jonge woonstijl oogt ingehouden, houdt van frivole uitspattingen hier en daar, en biedt vooral veel ruimte voor speelse accenten.

Un style de vie jeune à l'aspect contenu, appréciant çà et là les extravagances frivoles, et offrant surtout beaucoup d'espace pour les accents ludiques.

These rounded white chairs fit in perfectly with the simple hues of polished wood and white accessories. They offer comfort and refinement for a more a robust interior.

Bij de sobere tinten van geschaafd hout en witte accessoires passen deze afgeronde, witte stoeltjes perfect. Ze vormen een comfortabel en verfijnd element in een tamelijk robuust interieur.

Tout en rondeurs, ces sièges blancs accompagnent admirablement les tons sobres du bois dégauchi et des accessoires clairs. Ils donnent une note de confort et de raffinement dans un intérieur à l'état brut.

A Buddha-like figure watches contentedly how three comfortable dark grey chairs create a warm ambience in an interior that mainly consists of simple accessories in shades of white.

Een boeddhafiguur kijkt tevreden toe hoe drie comfortabele donkergrijze stoelen voor warme gezelligheid zorgen in een interieur dat verder vooral bestaat uit eenvoudige accessoires in witte tinten.

Une statuette de buddha contemple avec contentement trois chaises confortables gris foncé. Chaleur et intimité caractérisent cet intérieur, lequel comporte par ailleurs essentiellement des accessoires sobres dans les tons blancs.

These 'occasional tables' are fun and functional and also serve as bedside tables in a soberly decorated bedroom.

Grappig en functioneel zijn deze 'bijzettafeltjes' die ook dienst kunnen doen als nachttafeltjes in sober ingerichte slaapkamers.

Ces tables d'appoint ludiques et fonctionnelles peuvent également servir de tables de chevet dans des chambres à coucher sobrement aménagées.

Refined outdoor living starts here. This table and chairs are superb on the trendy wooden patio set in amongst the austere greenery and are a splendid spot for long discussions amongst friends.

Het betere buitenleven begint hier. Op het trendy houten terras, tussen het sobere groen, komen dit tafeltje en stoelen goed tot hun recht Ze vormen zo een prima plek voor lange gesprekken van vrienden onder elkaar.

Vous voulez mieux vivre à l'extérieur ? Suivez le guide. Sur la terrasse tendance en bois, entourée de bouquets de bambous, cette table et ces chaises sont parfaitement à leur place : voilà un coin idéal pour tenir de longues discussions entre amis.

Relax in a lemon-filled ambience! Their colour and shape make these striking yellow chairs look like sun-ripened lemons. In an austere white interior, they are truly eye-catching.

Zitten in een citroentje, het kan! De zitjes van deze opvallende gele kuipstoeltjes lijken zowel qua kleur als qua vorm op echte citroenen. In een strak en overwegend wit interieur vormen ze opvallende blikvangers.

Vous prendrez bien un citron ? Singulièrement jaunes, ces sièges baquets ressemblent à de véritables citrons, tant au niveau de la couleur que la forme. Dans un intérieur harmonieux où le blanc domine, ces fauteuils captent l'attention et offrent un contraste saisissant.

Whether you're sitting high or just a bit lower, these trendy basic barstools with a striking blue seat offer the necessary comfort and provide wonderfully eye-catching accents to a modern interior.

Of je nu hoog of wat lager zit, deze trendy strakke barstoeltjes, met opvallend blauw zitkuipje, bieden het nodige zitcomfort en ogen fantastisch in een modern interieur.

Que vous soyez assis en hauteur ou un peu plus bas, ces chaises de bar tendance et robustes, saisissantes avec leur baquet bleu, sont confortables et s'intègrent formidablement dans tout intérieur moderne.

Contemporary live-in kitchens are created with lots of sober colours, but these striking bright-green chairs add a charming playful touch.

De hedendaagse woonkeuken werd met veel sobere tinten ingericht, maar de opvallende fel-groene stoeltjes zorgen voor een wel erg speels accent.

La cuisine-salle à manger moderne est décorée dans des tons très sobres. Les chaises vert vif détonnent et offrent une note de fantaisie.

White is the colour of purity, so it is perfectly suited for decorating your bathroom, although a few grey accents here and there give it a warmer look. The austere laundry basket is lovely and functional and is even more striking in the round version.

Wit is de kleur van alles wat zuiver is, en dus heel geschikt om je badkamer mee in te richten, al zorgen hier en daar wat grijze accenten voor een warmere sfeer. De sobere linnenmand is mooi en functioneel, en valt in de ronde versie nog net iets meer op.

Le blanc est la couleur de la pureté – il convient donc parfaitement pour aménager votre salle de bains. Ici et là, quelques touches de gris accentuent la dimension chaleureuse. La jolie corbeille à linge sobre et fonctionnelle ressort encore davantage dans sa version ronde.

La table basse et les bancs ressemblent ici à des blocs en provenance d'un jeu de construction ; ils offrent cependant surtout un grand confort, quelle que soit la position adoptée, et sont un plaisir pour les yeux.

De lage tafel en de banken lijken hier wel speelse blokken uit een bouwdoos; toch bieden ze vooral zit- en ligcomfort en zijn ze een lust voor het oog.

La table basse et les bancs ressemblent ici à des blocs en provenance d'un jeu de construction ; ils offrent cependant surtout un grand confort, quelle que soit la position adoptée, et sont un plaisir pour les yeux.

A young living style looks restrained, loves frivolous splurges here and there, and above all offers plenty of room for playful accents.

De ultieme buitensfeer, dat is genieten van een vrije dag, het mooie weer en een frisse duik, dat doe je vanuit je favoriete ligstoel.

L'atmosphère extérieure ultime, c'est profiter d'une journée de temps libre sous le soleil, au bord de la piscine, depuis sa chaise longue favorite.

Young with a hefty dose of playful nonchalance: red indoors stands for daring.

Jong, met een flinke portie gespeelde nonchalance: rood in je interieur staat voor durf.

Jeune, avec une bonne part de nonchalance feinte : le rouge dans votre intérieur est synonyme d'audace.

DAAN

And 'Daan's room too, shows that even kids love a practical but stylish interior.

De kamer van 'Daan' bewijst dat ook kinderen houden van een praktisch en tegelijkertijd stijl-vol interieur.

La chambre de 'Daan' prouve que les enfants aussi aiment les intérieurs pratiques et stylés à la fois.

This book was made possible thanks to:

BELGIUM - BELGIQUE - BELGIË ALTRUY DECORATION [THUMAIDE (BELOEIL)] - AU MIROIR DU TEMPS [EGHEZEE] - AVANT-PORT [BRUSSEL] - BAMBOE DESIGN BVBA [STADEN] - BOLIGNA [POPERINGE] - CAMISA BVBA [SCHILDE] - CEZAR MEUBLES [THIMISTER-CLERMONT] - CLIPS [AALST & ASSE] - COENJAERTS MEUBEL & INTERIEUR [ACHEL] - COLIFAC [SINT-NIKLAAS] - COPPENS TUIN & ADVIESCENTER [NEVELE] - DE SFEERBOETIEK [DIEPENBEEK] - E.R. MEUBELEN [LICHTAART] - FERME DE HESBAYE [BERLOZ] - HET STRANDHUIS [NIEUWPOORT] - HOME & GARDEN LINE [OOSTENDE] - HOME BY THE GREEN [SINT-JORIS-WINGE] - IRIS WOON -& TUINIDEEEN [NINOVE] - JONCKHEERE MEUBELEN [BELSELE] - KERGUELEN [WAVRE (GREZ-DOICEAU)] - LA COURBEURE [BERTRIX] - LES MEUBLES DE FERME SPRL [FRASNES-LEZ-GOSSELIES] - MEUBELEN BOB JANSSENS [ANTWERPEN] - MEUBELEN CAMPS INTERIOR [SCHAFFEN-DIEST] - MVR EXLUSIEVE MEUBELEN [GRIMBERGEN] - ODRADA INTERIEUR [BALEN] - OLD & NEW ENGLAND [MECHELEN] - PVW INTERIORS [KERSBEEK-MISKOM (KORTENAKEN)] - ROTAN WINDELS [ZINGEM] - SANSKRIET [BRUGGE] - SELECTION MEUBLES [AMOUGIES (MONT DE L'ENCLUS)] - SENSE FASHION & HOME INTERIORS [RIJMENAM-BONHEIDEN] - T BINNENHUYS 1772 [IEPER] - THOMAS INTERIEUR [TESSENDERLO] - TOP INTERIEUR [IZEGEM] - VANDERMEEREN - INTERIEUR [VEURNE] - VECO MEUBEL & INTERIEUR [WUUSTWEZEL] - VERBIEST INTERIEUR S.A. [ENGHIEN] - WOOD FACTORY [BRUXELLES]

FRANCE – FRANKRIJK ART & LUMIERE [DIJON CEDEX] - AU CHARME DU LOGIS [QUIMPER] - BLANCHE DUAULT [VANNES] - COTE MARLY [MARLY-LE-ROI] - DARNAULT GILLES [ST GERVAIS LA FORET] - INTERIORS [LANNION] - IOMA [LYON ST PRIEST] - IOMA [LYON/VAISE] - IOMA [ST EGREVE] - LA LUCARNE [FLERE LA RIVIERE] - LE BUISSON - NIEUW [LE MANS] - LE GRAND ORME [SAINT BRIEUX] - LE ROTIN DE PINCE VENT [ORMESSON] - LES JARDINS D'HIVER [ST GEORGES DES COTEAUX] - LEVESQUE DECORATION [AVRANCHES] - MEUBLES DAUZATS [L'UNION] - MEUBLES HAAG [HAGUENAU] - MEUBLES LE FRANC [HYERES] - MEUBLES LE FRANC [LE LAVANDOU] - MEUBLES PIERRE CHRISTOPHE [LA CHAPELLE DES FOUGERETZ] - ROD & CO. [ST MARTIN DE RE] - ROUGE PIVOINE [ANTIBES] - SAISONS [PARIS] - SIEGES KUSTER ANDRE ET FILS [EGUISHEIM] - SIFAS [ANTIBES - COGOLIN - LA GARDE - MOUGINS - PUGET S/ ARGENS - ST.LAURENT DU VAR] - SUITE 13 [DINARD] - SWEET HOME [CAEN]

GREAT-BRITTAIN - GRANDE – BRETAGNE - GROOT-BRITTANNIË CUBBIN & BREGAZZI [ISLE OF MAN] - JOHN THOMPSON DESIGN CENTRE [LANCASHIRE] - LATHAMS HOME [ESSEX] - PENROSE [PILSLEY] - SHACKLETONS GARDEN & LIFESTYLE CENTRE LTD [LANCASHIRE] - STOCKTONS [MANCHESTER] - THE CHELSEA GARDENER [LONDON] - THE COLLECTION [BUCKINGHAMSHIRE] - VANILLE [GLOUCESTERSHIRE] - WEBSTERS DISTINCTIVE FURNITURE [WEST YORKSHIRE]

LUXEMBURG - LUXEMBOURG - LUXEMBURG PETER PIN [LUXEMBOURG GD - ETTELBRÜCK]

THE NETHERLANDS - LES PAYS-BAS - NEDERLAND DE BRUIJN MEUBELEN [MIDDELBURG] - DE COLLSE HOEK [EINDHOVEN] - DE DRIE LELIËN [VUGHT] - DE GOOISCH ORANGERIE [HILVERSUM] - DE STOELENDANS [WASSENAAR] - DE TROUBADOUR [AMSTELVEEN] - DE VIER JAARGETIJDEN WONEN EN CADEAU [BEUNINGEN (GLD)] - HET BUITENHUIS [RENESSE] - HET KABINET [BUNNIK] - HET MEUBELHUYS [DINXPERLO] - HET OUDE AMBACHT STIJLVOL WONEN [NOORD SLEEN] - HOLLANDIA WOONDECOR [SLUIS] - INTERART INTERIEURS [AMSTENRADE] - LE CADEAU [HALSTEREN] - M.J. LODEWIJK LANDELIJK ANTIEK EN MAATWERK [DEN HAAG] - MEUBELMAKERIJ DE STOOF BV [LEIDSCHENDAM] - MEUBELMAKERIJ DE STOOF BV [ZOETERMEER] - MY HOME INTERIEURS [ZEIST] - PINE DESIGN WONEN [ZUIDLAREN] - QUALITY HOUSE [HEERHUGOWAARD] - SMELLINK CLASSICS [OLDENZAAL] - T HEERENHUYS [SUSTEREN] - THE MILL SHOP [HAARLEM] - VAN WOERKUM WONEN [BERGEIJK] - VILLA GALLERIA [BERGEN NH]

© Uitgeverij Lannoo nv, Tielt/Belgium 2007
ISBN 978 90 209 7005 0
NUR 454
D/2007/45/413

Text
Annemie Willemse

Photography
Bieke Claessens: pg. 2, 5, 36, 42, 44, 45, 47, 48, 49, 50, 51, 52, 55, 64-65, 66, 70, 71, 151, 154, 155, 157, 178
Fotostudio DSP: pg. 38, 57, 60-61, 62, 63, 67, 68, 69, 148, 177
Lee Curtis: pg. 6, 8-9, 15, 16, 17, 18, 19, 20, 21
Sven Everaert: pg. 54,72-133, 156-167, 168-169
Jean-Pierre Gabriel: pg. 10, 12-13, 14, 23, 24, 25, 26, 27, 28-29, 30-31
Bart Van Leuven: cover, pg. 22, 32-33, 35, 37, 40-41, 53, 56, 58-59, 134-150, 152-153, 156, 158-165, 168-176, 179
Vincent Sheppard nv: pg. 39, 43, 46, 145, 166-167

Graphic design
Hilde Alens/Beeld.Inzicht

Printing and finishing
Drukkerij Lannoo, Tielt
Printed in Belgium

www.lannoo.com